# 造园记

## 私家庭院设计实用解析

创造力景观　编著

江苏凤凰科学技术出版社·南京

**图书在版编目（CIP）数据**

造园记：私家庭院设计实用解析 / 创造力景观编著
. -- 南京：江苏凤凰科学技术出版社，2024.3
ISBN 978-7-5713-4043-8

Ⅰ．①造… Ⅱ．①创… Ⅲ．①私家园林－庭院－景观
设计 Ⅳ．①TU986.2

中国国家版本馆 CIP 数据核字 (2024) 第 025550 号

造园记　私家庭院设计实用解析

| 编　　　　著 | 创造力景观 |
|---|---|
| 项 目 策 划 | 高 申　李 宁 |
| 责 任 编 辑 | 赵 研　刘屹立 |
| 特 邀 编 辑 | 李 宁　高 申 |

| 出 版 发 行 | 江苏凤凰科学技术出版社 |
|---|---|
| 出 版 社 地 址 | 南京市湖南路 1 号 A 楼，邮编：210009 |
| 出 版 社 网 址 | http://www.pspress.cn |
| 总 　经 　销 | 天津凤凰空间文化传媒有限公司 |
| 总 经 销 网 址 | http://www.ifengspace.cn |
| 印　　　　刷 | 北京博海升彩色印刷有限公司 |

| 开　　　　本 | 787mm×1 092mm　1 / 16 |
|---|---|
| 印　　　　张 | 9 |
| 字　　　　数 | 72 000 |
| 版　　　　次 | 2024 年 3 月第 1 版 |
| 印　　　　次 | 2024 年 3 月第 1 次印刷 |

| 标 准 书 号 | ISBN 978-7-5713-4043-8 |
|---|---|
| 定　　　　价 | 69.80 元 |

图书如有印装质量问题，可随时向销售部调换（电话：022-87893668）。

　　"庭院深深深几许，杨柳堆烟，帘幕无重数。玉勒雕鞍游冶处，楼高不见章台路。"每个中国人都憧憬着一个属于自己的心灵花园，它是人们内心最隐秘、最放松和最惬意的理想场所。随着现代文明的发展，拥有一个庭院，回归自然与本我，品茶读书，卧听风雨，已经成为一种追求。

　　《造园记　私家庭院设计实用解析》是由"创造力景观"编写的一本关于庭院设计的书籍。从庭院的设计施工到植物配置等方面解析了造园过程中的关键节点。

　　本书分为两个部分。第一部分是讲不同风格庭院的设计特点和一些庭院设计技巧；第二部分则是 14 个不同风格、不同大小的庭院完工实景案例分析，从设计到落地，从效果到适用，充分展示了庭院之美，让每一个读者都能发挥想象，身临其境，感受到庭院生活的魅力。

　　庭院设计是一门有趣的学问，将生活做成艺术，将艺术融入生活。它能将城市居所的门前屋后空地，经过几个月的时间，变成一座拥有亭台楼阁、小桥流水、鸟语花香、四季美景的微缩花园，这是一个多么奇妙而又惊喜的创作过程啊！

　　在这座院子里，你可以感受到"春有百花秋有月，夏有凉风冬有雪"的美妙；你可以卸下俗务的羁绊，闲时静听鸟鸣，春来漫步花间小径。私家庭院设计的美妙在于此间，兼有烟火凡尘事，人间逍遥意。

　　要想知道如何打造一个令人向往的庭院，那就从这本书里来寻找答案吧。

**创造力景观**

目录

# 第一章　关于庭院设计

# 第二章　庭院案例解析

# 第一章

## 关于庭院设计

# 第一节 　新中式庭院

## ——古今融合，古典与现代的结合

图 1.1　新中式庭院实景

**新**中式庭院与传统的中国古典园林在风格上一脉相承，但是又有所不同。新中式庭院继承了中国古典园林的风格，并对其主要元素进行提炼、吸收和简化，再植入具有现代风格的元素。将这些新旧交融的产物运用到庭院设计中，就产生了所谓的新中式庭院风格，一种时空交错的感觉油然而生。

　　置身于新中式庭院中，既能体验到古典园林的精雕细琢之美，文人墨客以此寄情山水，正所谓"不出城廓而获山林之怡，身居闹市而有林泉之致"，又让人感受时代的变迁、科技进步带来的便捷、以人为本的设计理念带来的舒适。新中式庭院使人不禁感慨生活的美好。

# 一、新中式庭院的设计理念

纵观古今，任何一种设计风格的形成都与历史的发展息息相关，新中式庭院风格也不例外。因为它是对传统中式庭院的继承与发展，并使用新的技术优化工艺。所以，真正能将传统与现代的两种风格进行完美融合，还需要不断的尝试与探索。

图 1.2　新中式庭院的植被搭配

在传统庭院风格的基础上对空间布局、季相变化、功能体验等进行全新诠释，同时应用现代的材料与元素对空间进行装饰，使之相得益彰。

# 二、新中式庭院的设计元素

新中式庭院中虽然会使用一些具有传统意蕴的元素，如起承转合的空间、亭台楼阁、廊桥水榭、花窗月门、假山石桥等，但新中式庭院对这些元素的形态和尺度进行简化及修改，删繁就简，材质上会选择一些新兴材料进行替代，从而更加符合现代人的审美和使用习惯。

图 1.3　传统风格的元素体现　　　图 1.4　传统风格的元素组合

# 三、新中式庭院的设计原则

## （一）以人为本原则

设计应当以人为本，从人的使用和体验出发，要满足人的需求，并遵循人体工程学基本原理。庭院设计，究其根本就是为了给园主人提供更好的居住环境，因此在设计上充分考虑上述生理需求的同时还要考虑心理需求。既要营造出空间的层次感，又要重视对视线所及的色彩和光线的处理。

图 1.5　新中式庭院实景

## （二）铭记历史，传承文化

我国造园历史悠久，从古代帝王用于狩猎、游乐的"囿"到皇家园林、私家园林，再到现代的公共景观、别墅庭院等，园林中既包含了一脉相承的中国传统文化，又和与时俱进的时代感融会贯通、相辅相成。

图 1.6　新中式元素景墙

　　由于新中式庭院设计不仅继承了传统中式庭院的精华，而且采用了现代的材质与装饰方法，因此，打造新中式庭院不是对传统庭院的完全复制，而是在部分借鉴的基础上，融入新的设计语言，让新旧两种文化碰撞出火花。

图 1.7～图 1.9　新中式风格的元素体现

## （三）设计结合自然

　　中式传统庭院设计讲究天人合一，新中式庭院设计也应该注重与自然环境的有机结合，庭院的景观设计同样需发挥一定的生态功能，形成小气候，改造环境，让居住在其中的人身心舒适。

图 1.10　新中式庭院实景

## 第二节　现代庭院
### ——少即多之妙

图 1.11　现代简约风格庭院

在设计现代风格的庭院时，遵循的是一种避免过度装饰的简约设计理念，体现一种明净、轻快、简约、舒适和易于打理的特点。特别是与其他风格的庭院相比，植物占比较少，易于打理。现代庭院将现代生活中简约时尚的理念融入庭院设计，在此基础上加入一些自己喜欢的景观元素，简约生活化的同时又不显突兀。

通常来说，现代风格的庭院有多种表现形式，它们共同组成了现代庭院的大家族，这其中最具代表性和受欢迎的便是现代简约风格和现代禅意风格。

# 一、现代简约庭院的设计技巧—— 一切从简，回归本真的美

## （一）现代简约庭院的特点

现代简约风格是一种广受欢迎的庭院设计风格。这种彰显简约主义的庭院设计，目的是体现庭院简约的美感，通过简单的布置可以表现出园主人追求自由、奔放大气的心态，也将当代人精致与个性的生活品位表现得淋漓尽致。不得不提的是，由于摒弃了那些复杂烦琐的设计，其清新简约、干净舒适和易于打理的特点可以节约园主人大量的时间。

图 1.12　现代简约风格庭院

## （二）形式和形状

现代简约风格庭院以其明快简约的设计线条和清新时尚的表现形式受到了现代人的推崇。更为具体的表现可总结为：现代简约风格的庭院构成中以矩形为主，以曲线为辅，大胆灵活，富有个性。

简洁的线条将庭院分割为明确的功能区，视线所及之处一切从简，没有烦琐复杂的装饰。

图 1.13　简约的设计线条

图 1.14　现代简约风格庭院实景

## （三）现代简约庭院的铺装

　　现代简约风格庭院在铺装的选择上，颜色和款式的选择不宜过多和复杂，要追求整体的协调统一，最终获得简洁美观的视觉效果。石材的质感和纹理，防腐木地板的柔性和舒适……处处都体现着庭院的细节和精致。特别值得注意的是，使用不同的铺装形式会带来层次上的变化，也从另一方面展示着庭院的与众不同。

图 1.15　现代简约庭院的铺装

图 1.16　现代简约庭院的小品

图 1.17　现代简约庭院的小品

## （四）现代简约庭院的植物选择

不同于其他庭院风格对于植物选择的需求，由于现代简约风格的庭院更倾向于现代人日常的生活理念，干净利落、易于打理，因此在植物搭配上要精简实用，不宜厚重烦杂。

具体体现在对于阳光草坪的使用，以绿色乔灌木为辅，加以彩色花卉点缀空间。

图 1.18　现代简约庭院的植物搭配

图 1.19　现代简约庭院的植物搭配

图 1.20　现代简约庭院的植物搭配

图 1.21　现代简约庭院的植物搭配

## （五）现代简约庭院的软装搭配

现代简约庭院的装饰同样强调简约而不简单，创意小品、花盆、摆件等也是这类庭院使用的主要元素。金属制品作为装饰没有固定的模式，可以是不同品类、不同形状的金属制品，例如桌椅、摆件、栏杆等。玻璃透光性好，色彩丰富，花纹独特，可以增加质感，增强庭院的层次感。这些装饰强调功能性，线形流畅，能给人带来前卫、新潮、强烈且富有变化的感觉，突出庭院整体的时尚感。

在简约实用的前提下，体现园主人的品位。材料需要经过精心选择方能体现高品质的生活态度。

图 1.22　现代简约庭院的软装搭配

图 1.23　现代简约庭院的软装搭配

图 1.24　现代简约庭院的小品

① 灯具的选择在庭院设计的流程中也是关键一步。

② 仅有日照的庭院只能满足日间的欣赏和使用，增加不同的灯光效果会赋予夜色中的花园独特的魅力。

③ 灯光不但照亮了空间，而且营造出了一种华灯初上的氛围感。

图 1.25　现代简约庭院的灯光设计

## 二、现代禅意庭院的设计技巧——一种简约式的禅意阐述

现代禅意庭院是在借鉴中国古典园林的基础上，运用禅意空间的打造手法实现了现代庭院设计中对设计语言和思维的多元化应用。基于不同风格的庭院在结构形式、主体建筑、空间大小等方面的差异，禅意庭院的设计需要进行适应性调整，从而体现"崇尚自然"的设计理念。

将建筑、山水、植物、建筑等融为一体，构建人与自然和谐共生的效果。

图 1.26　现代禅意庭院效果图

禅意庭院最大的特点就是静谧，即便宅外车水马龙，踏入庭院也可以马上获得宁静，这是禅意庭院与人独特的情感共鸣，更多的是体现一种意境之美。

图 1.27　现代禅意庭院效果图

现代禅意风格的庭院充满着东方韵味，却又不是一种明确的中式或日式的风格。去除繁杂的装饰，只保留禅意最本质的特征。庭院造景，尽管较多取之于自然与生活，却在设计师的手中将其赋予其灵魂，静怡有趣，精彩别致。

图 1.28　现代禅意庭院

现代禅意庭院的风格偏向简约，又带有些许复古的禅意情调，让人们在日常工作和琐事之余能够沉浸在享受庭院生活的美好之中。

现代禅意风格的庭院中，要么是结合地势造景，模拟真实的自然生态景观，利用各种山石水系、月洞花窗，营造中式格调；要么是利用石钵、流水和竹子提炼日式禅意元素，打造和风禅意庭院。

**自然风庭院**
———田园风情，闲适生活

## 一、自然风庭院的概念

自然风庭院模仿自然景观的野趣美，不采用人工痕迹明显的设计和材料，在设计上追求"虽由人作，宛自天开"的美学效果。

在面对无法改变的硬质铺装和结构时，尽可能采用天然的石材和木材，使整个庭院能最大限度地融入环境。

图 1.29　自然风庭院

## 二、自然风庭院和其他风格庭院的区别

自然风庭院布局是自由的和灵活的，是自然山水的集中体现。中国自然风庭院的典型体现是中国古典园林，它是由山、水、植物、建筑四大元素组成的综合体。

图 1.30 自然风庭院

# 三、自然和人工关系的融合

自然和人工关系的融合讲究两个原则：其一是虽由人作，宛自天开；其二是精简合理，重点明显。

铺地材料采用天然石材、卵石，浑然天成，幽远空灵。设计手法讲究借景、藏露，变化无穷。充满象征意味的山水是它最重要的组成元素，然后才是建筑，最后才是花草树木。

图 1.31 自然风庭院的山水设计

"崇尚自然，师法自然"是中国自然风园林所遵循的一条不可动摇的原则，最后得到"本于自然，高于自然"的效果。

庭院是由山、水、植物、建筑共同组成的艺术品。山与水是整个庭院景观的骨架，是营造后续景观的蓝本。合理的山水布局是造景的前提，堆山和理水实际上是处理空间内土方的关系，优秀的庭院景观往往可以达到区域内的土方平衡，这是中国园林不断传承的智慧结晶。建筑种类繁多，通常以亭、台、楼、阁为主，连廊串联园中的流线，粉墙黛瓦分隔园中的空间，洞门花窗起到阻隔或引导视线作用。庭院内的植物有着明确的寓意和严格的位置，如屋后栽竹，厅前植桂，花坛种牡丹、芍药，阶前梧桐，转角芭蕉，坡地白皮松，水池栽荷花，点景用竹子、石笋，小品用石桌椅、观赏石，等等。

庭院的平面构图以流畅的曲线为主，营造曲径通幽、步移景异的观赏体验。

图 1.32 自然风庭院的道路设计

图 1.33 自然风庭院的道路设计

# 四、自然风庭院的特点及营造

## （一）地形

自然风园林的创作讲究"相地合宜，构园得体"，因为其主要特征是"自成天然之趣"。所以在自然风庭院中，要求再现自然界的山峰、山巅、崖、岗、岭、峡、岬、谷、坞、坪、穴等地貌景观。

图 1.34　自然风庭院的掇山理水

## （二）水体

　　自然风庭院中的水体讲究"疏源之去由，察水之来历"。水景的主要类型有湖、池、潭、瀑布、跌水等。水体的轮廓宜自然曲折，驳岸以土壤自然倾斜角为基础，主要有自然山石驳岸、石矶等形式。

## （三）植物

　　自然风庭院的植物配置要体现自然界的植物群落之美，不宜成行成列栽植。树木不宜过度修剪，配置手法应以孤植、丛植、群植、林植为主要形式。花卉的布置以花丛、花群为主要形式。在较小的庭园中可以用树丛、花丛、缀花草坪等配置方式；较大的庭园中可运用树林、花境、草地等配置方式。

## （四）建筑

　　自然风庭院中的单体建筑多为对称结合不对称的均衡布局；全园虽不以轴线控制，但局部仍可以看出轴线的处理，构成了自然风的庭院建筑群。

图 1.35　自然风庭院的桥

## （五）广场与道路

除建筑前广场为规则式外，园中其余的空旷地和广场的外轮廓宜为自然风。道路的走向、布置多随地形而变化，道路的平面和剖面多由自然起伏曲折的平曲线和竖曲线组成。

图 1.36　自然风庭院的广场

## （六）园林小品

庭院中的园林小品包括假山、盆景、石刻、砖雕、木刻等。总之，在空间面积不大、地面起伏不平，尤其在当今流行低养护观念的情况下，更适宜采用自然风的景观设计。

图 1.37　自然风庭院的小品

图 1.38　自然风庭院的小品

# 五、自然风庭院的发展与继承

回顾中国自然风园林的现代化发展历程，虽然有过迷失与胡乱堆砌拼凑的转型期，但是若把历史的尺度拉的更长，我们会在其中找到独属于中国的文化特质。中华民族在几千年的发展中不断传承优秀的造园手法，并且致力于在园林中赋予诗画的情趣，这些一脉相承的精粹，是我们在这个时代发展中国自然风庭院的立足之本。

园林是一项复杂的文化，我们虽然可以从外部学习很多的新技术与新方法，但是真正定义其为中国园林的本质是——不同于世界任何国家的精神文化内核、天人合一的哲学思想、道法自然的宇宙观。

图 1.39 自然风庭院

# 六、自然风庭院的设计技巧

首先庭院的规划布局以自然山水为灵感，并对自然山水进行改造、调整、加工和变化。其次是诗情画意的表现手法，将诗画中的美学意境融入庭院景观设计之中。再次是小中见大的空间感，庭院虽然受制于有限的空间尺度，但是需要在咫尺之地构筑大自然的山水之美。最后是造园手法的灵活运用，以"借景"为例，其可以有效地扩大庭院的空间感，增加景观的层次，获得丰富的景观体验。

图 1.40 自然风庭院的景观层次

图 1.41 自然风庭院的多元化

# 第四节　混搭风庭院
## ——不同风情的和谐

图 1.42　混搭风庭院

　　一般来说，造园的第一步就是确定庭院的风格，无论是简约风格、自然风格，还是中式风格，在设计阶段的初期往往就已经形成一套框架，这样的庭院虽然具有鲜明的特点，但是对于业主来说，很多不同的想法并不能在这个过程中得到实现，基本没有可以自主发挥的空间，参与度更是大打折扣，这就让混搭风庭院得到了大众认可。

　　混搭风庭院可以融合不同风格庭院的要素。在这个过程中，业主的参与度虽然有所提高，对于庭院的不同构想也可以在场地内得以实现，但是想要获得一个美观又不杂乱庭院，就需要遵循一些造园的原则。

图 1.43　混搭风庭院

图 1.44　混搭风庭院

## 一、均衡原则

　　庭院的结构与平面上需讲究均衡，其位置、形状、比例、色彩在视觉上要适宜，避免一边过重，一边过轻。比如在花园左侧设计了几组精致的景观，而右侧只是一块草坪，这就丧失了视觉感受的均衡感。

图 1.45　均衡的设计效果

图 1.46　均衡的设计效果

## 二、比例原则

庭院设计需要时刻考虑比例的关系，大到局部与全局的比例，小到一木一石的比例。

## 三、韵律原则

在音乐或诗词中按一定的规律重复出现相似的音韵即称为韵律。这种理论在庭院设计的植物设计阶段是比较适用的，景观的层次感、错落感，以及植物的季相变化都是韵律在景观设计中的表达。

图 1.47 合理的比例控制

图 1.48 韵律的表达

## 四、对比原则

在不同艺术门类中对比手法的运用屡见不鲜。在庭院设计中，为了突出并强调园内的景观节点或某一景物，可利用形态、色彩、质地、明暗等不同元素形式对立，给人一种鲜明的、显著的审美效果。

图 1.49 景观中的对比原则

## 五、和谐原则

和谐又称谐调、调和，是指庭院中的景物在变化统一的原则下达到色彩、形态、线条等元素，在时间与空间的不同维度给人一种和谐感。

图 1.50 景观中的和谐原则

## 六、简单原则

简单原则运用到庭院设计中，可以解释为景物的选择以朴素淡雅为主。同时，自然美经过简单的提炼，就可以升华为庭院内的艺术美。

图 1.51 简单原则在庭院中的运用

图 1.52 简单原则在庭院中的运用

其实从本质上来说，混搭风庭院就是将各种不同风格的元素，精简提炼再融合进一个庭院中，达到和谐又不失美感的目的。

## 植物配置

### ——三时有花，四季有景

花卉可以使庭院中的风景变得更加美丽。关于如何布置植物以获得美观的景观效果，有一些内容需要提前了解。明白这些概念，就可以建造出鲜花盛开的美丽庭院。

图 1.53　美丽的花卉庭院

## 一、研究花卉特征

完整的庭院植物设计应包含多种开花植物，包括长期的多年生植物、短期（但开花时间长）的一年生植物、季节性鳞茎、观赏草和藤本植物等。在正式开始庭院植物设计之前，需要先研究一下所在地区最适合哪种植物生长、植物的颜色和纹理，以及它们可能需要哪些特殊护理。

图 1.54　园路边缘的植物搭配

## 二、选择合适的庭院设计风格

　　结合建筑风格和个人喜好可以帮助业主尽快确定庭院风格。不同的设计理念和风格要选择不同类型的植物。例如，具有现代感的景观可以采用极简主义的手法，并以硬朗的线条明确界定花坛；自然风的庭院，则适合采用蜿蜒小径和床型的混合搭配方法。如果喜欢将鲜花带入室内，也可以考虑种植一些多年生的切花花材。

图 1.55　入户门的植物搭配

图 1.56　景墙的植物搭配

图 1.57　园路两侧的植物搭配

## 三、确定庭院的形状和大小

开花植物可以布置在任何形状和大小的种植床中，从宽大的长方形到娇小的庭院角落都可以种植。想了解庭院将如何布置，要在庭院开始挖掘之前勾勒出种植区域的边缘。反复思考并从各个角度观察拟建的种植床，尝试是否能够打理到中心区域的植被，或者是否需要在种植区域内设置路径。

图 1.58　庭院入户植物搭配

图 1.59　自然风的种植

图 1.60　自然风的种植

图 1.61　边界明确的种植

## 四、选择开花植物

在明确了庭院的风格、形状和大小之后，就该将之前对于植物的研究付诸行动了。不仅要考虑庭院中焦点的植物、花朵大小、全年状态、开花时间和颜色组合，还要考虑其他额外的属性，例如香味以及花朵是否会吸引蝴蝶、蜜蜂和其他传粉者。

图 1.62 花形美丽的花卉

图 1.63 富有特色花形的花卉

## 五、评估种植区规模

选择时要考虑植物生长稳定后的高度。例如，如果想在房子的前方区域设计一个色彩缤纷的种植区，生长稳定后最高的植物就需要放在后方，但其高度也不能太高以至于挡住门窗；如果设计的种植区是一个岛屿，那么最高的植物可以种植在中心位置。要牢记植物成熟后常规尺寸，以确保它有足够的生长空间而不会拥挤或从种植区溢出太多。

图 1.64 植被与景墙的大小比例

图 1.65 植被与围墙的大小比例

图 1.66　尺寸合理的植被搭配

## 六、了解植物开花的时间

　　精心设计的庭院包括各种植物，全年都有不同的状态和开花时间。在选择植物之前需要评估这两个因素。坦信任何人都不想创造一个夏季充满色彩但秋季单调乏味的庭院，这就是组合搭配不同类型植物的一个重要原因。例如，在庭院设计中，可以种植春季开花和冬季结果、夏季多年生植物和秋季开花的一年生植物。

图 1.67　不同类型的植被搭配

# 七、巧用植物颜色

　　在花园设计中创建最佳颜色组合可能很棘手。参考色轮进行设计是一个不错的方法，例如，用相同色调（如粉红色）种植的花园令人赏心悦目。

图 1.68　合理的色彩搭配

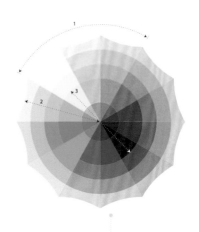

色轮上彼此相邻的颜色，例如紫色和红色，搭配在一起会营造出和谐的视觉效果；彼此相对的颜色，例如紫色和黄色，则更具跳跃感，引人注目。

当花朵枯萎时，有些植物的叶子仍然可以提供紧缺的纹理和颜色，满足一定程度上的视觉享受。

图 1.69　合理的色彩搭配

## 八、巧用重复

在进行庭院种植设计时，所有植物中需要保证一种以上在整个花坛进行重复种植。这是一个视觉设计技巧，可以创造出花坛的氛围感，避免花坛变成一个单调的混乱的植物大杂烩。将至少三种相同种类的植物放在一个组团中最令人赏心悦目，更具活力感。

图 1.70　丰富的花坛设计

图 1.71　丰富的花坛设计

## 九、提供视觉中心

任何花园，无论大小，都需要一个视觉焦点，吸引观者的眼球，充当观赏视线的起点。这可能意味着可以用黄杨木灌木在角落界定一张大种植床，在中间栽植开花植物，或者在种植池的中心种植大量单一花型的植物。

添加一件或多件有趣味性的园林艺术作品作为视觉中心。

图 1.72　营造视觉的中心

# 十、融入硬景观

硬景观元素，如花架、廊架和木屋，这些是对美丽花园的锦上添花。可以在设计横跨前院与后院的种植床时，设置一座攀援着玫瑰的简单拱门。它不但标志着从开放空间向私密空间的过渡，还承担着焦点的功能。

图 1.73　硬景与植被搭配

图 1.74　硬景与植被搭配

# 十一、准备种植床

在明确花园设计中想要表现的所有元素之后，就可以开始清理种植区域的杂草和其他杂物来准备种植床了。如果是新的空床，需添加大量营养土以提高种植土的土壤质量。如果想在花园中铺设一条小路，请在种植前将其布置好，以确保有充足的空间放置所有物品。此时还可以增加小路边缘的质感，例如鹅卵石边或其他材料的圈边。

图 1.75　景墙与种植床搭配

图 1.76　道路与种植床搭配

# 十二、种植、浇水、覆盖并欣赏植物的表演

选购植物时，要尽可能保证原有植物清单的种类与规格，以达到设计预期的景观效果，尽管当人们与所有美丽的选择面对面时，很容易被影响。植物还在苗盆中时，将它放在设计要求的位置，可以通过这种方法粗略地观察栽植后的整体效果。

图 1.77　添加合适的覆盖物

任何新种植的植物都应充分浇水。然后在种植区上添加 2.5 cm 厚的覆盖物。

观察组团是否合理美观，很容易看出空间的填充效果并进行调整布置。达到满意的效果之后，就可以挖掘种植了。

根据需要监控区域内的降雨量，并随之调控灌溉的水量，确保植物能获得足够的水分。

图 1.78　挖掘种植

图 1.79　种植完成的效果表现

# 庭院主干道
## ——铺装工艺之美

图 1.80 庭院铺装

庭院设计中，铺装是一项充满美感的工作，恰到好处的铺装往往能在空间中起到烘托、补充和诠释主题的作用。通过材质和样式的变化划分空间、组织交通与引导游览，好的铺装设计不仅使人得到视觉上的享受，还能愉悦身心，强化意境。铺装本身就是一种装饰艺术，是庭院景观设计的重要组成部分，是庭院景观空间或场所界定的载体和要素，也是人们赋予庭院景观道路外在表达的特定形式。

# 一、铺装的色彩

不同材质具有不同的颜色，相同的材质也可以具有不同的色彩。例如：沥青有黑色也有彩色，花岗岩有灰色、黑色、白色、黄色等，砾石有白色、灰色、黑色等；在实际运用中，颜色的选取与搭配是铺装设计的灵魂。

图 1.81　铺装的色彩表现

不同颜色象征着不同意义，色彩的明暗也象征着轻快与宁静，会令观赏者产生不同的感受，同时，也可以将设计师的情感映射在其中。

铺装的色彩要与周围环境的色调相协调。色彩的选择要充分考虑人的心理感受，色彩具有鲜明的个性，暖色调热烈，冷色调优雅，明色调轻快，暗色调宁静。铺装的色彩也是园主人个人情感的表现，主人可将自己的情感需求融入庭院道路的色彩配置，让庭院成为心灵的港湾。

铺装色彩的搭配应追求统一中求变化，即铺装的色彩要与整个庭院景观相协调的同时，还要用视觉上的冷暖、深浅的节奏变化，打破色彩千篇一律的沉闷感，最重要的是做到稳重而不沉闷、鲜明而不俗气。

图 1.82　统一而变化的铺装表现

## 二、铺装的尺度

　　铺装材料可以定做不同的尺寸。以花岗岩为例，市面上花岗岩常见尺寸有 600 mm×600 mm、600 mm×300 mm、300 mm×300 mm 等，在铺装设计中，应尽量选择以 300 mm 为模数的尺寸。铺装图案的不同尺度会带来不一样的空间效果。铺装图案的尺度对外部空间能产生一定的影响，较大、较开展的形状会使空间产生一种宽敞的空间感，而较小、紧缩的形状会使空间具有私密感。

图 1.83　合理的尺寸选择

图 1.84　合理的尺寸选择

　　通过不同尺寸的图案以及合理采用与周围不同色彩、质感的材料，不仅能影响空间的比例关系，还可以营造出与环境相协调的布局。通常大尺寸的花岗岩、PC 砖等材料适宜大空间，而中小尺寸的地砖和小尺寸的马赛克砖，更适用于一些中小型空间。

图 1.85　不同尺寸的搭配组合

## 三、铺装的质感

　　铺装质感在很大程度上依靠材料的质地给人们带来的各种感受。大空间要做得粗犷些，应该选用质地粗糙、厚实，线条较为明显的材料，因为粗糙的质感往往使人感到稳重、沉重、开朗。另外，在烈日下面，粗糙的铺装可以较好地吸收光线，不会刺眼。

　　小空间则应该采用较细小、圆润、精细的材料，给人轻巧、精致、柔和的细致感。不同的材质能创造出不同的美学效果，不同质地的材料在同一景观中出现，必须注意调和性，恰当地运用相似及对比原理，组成统一和谐的庭院铺装景观。

图 1.86　规则的铺装

图 1.87　精细小巧的铺装

## 四、铺装的图案纹样

　　庭院铺装可以运用多种多样的纹样形式来衬托和美化环境，提升庭院景观的美感。纹样随环境和场所的不同而呈现多种变化，不同的纹样会带给人不同的心理感受。

　　采用直线或者其他线性的铺装图案具有增强地面设计效果的作用；一些规则的形式会产生静态感，暗示着一个静止空间的出现，如正方形铺装、矩形铺装；三角形和其他一些不规则图案的组合则具有较强的动感。

图 1.88　铺装的图案表现

园林中比较常用的还有一种效仿自然的不规则铺装，如乱石纹、冰裂纹等，可以使人联想到乡间、荒野，更具朴素自然的感觉。

大大小小的树状铺装让人误以为进了森林，这样的地面设计用来体现自然风情再好不过，有一种回归自然的质朴，又带着一种原始的粗犷。

最后，铺装作为庭院硬质景观中非常重要的一部分，只有将细节加工到位，才能呈现出较好的质感。

图 1.89　不规则铺装

图 1.90　乱石纹铺装

图 1.91　冰裂纹铺装

## 第七节　庭院水景

### ——变化丰富，水景灵动

庭院水景通常以人工水景为多，可根据庭院空间的不同，采取多种手法进行引水造景，其设计要借助水的动态效果营造充满活力的居住氛围。

## 一、庭院水景设计的原则

### （一）功能性原则

在进行庭院设计时，第一要明确水景的基本功能，结合庭院中其他的功能需求来进行整体的环境空间设计。水体的自身属性首先给人带来柔和的美感，成为视线的焦点，其次提供人们观赏、戏水、娱乐的场所，所以设计首先要满足艺术美感。

图 1.92　功能性水景

在设计中尽量运用不同形式的水体，如水池、喷泉、溪涧等，动静结合，丰富景观空间的使用功能。

注重自然和生态的属性，满足功能性要求。

图 1.93　功能性水景

## （二）整体性原则

在庭院景观设计中，水景设计不只要体现水的艺术功能和观赏特性，更要与整个景观相互协调，相互融合。所以在设计过程中，水景设计要想达到预期的景观效果，研究其环境因素与地理条件就显得尤为重要，以此按需求确定水体的类型，因地制宜，自成特色，不能千篇一律。要与环境配合，形成和谐的构图关系，使空间层次丰富协调。

图 1.94　水景的整体性表现

在平面设计上要使水景的形态美观、平衡、匀称，做到既有利于造景又有利于水体的维护。

## （三）量度性原则

一个成功的水景设计，应有宜人的尺度，除了与环境协调统一，还必须要体现出对人的尊重。首先要充分考虑人的行为特征，结合人体工程学相关专业知识，参考人体的基本尺度、静动态空间尺度和心理效应等多方面的因素。其次，水体在景观设计中并不是独立存在的，它需要依附其他景观载体，才能更好地满足人们对景观设计的观赏性需求与实用性需求。

图 1.96　尺度适宜的水景

水体的形态和大小尺度应与山石、桥、水生植物、雕塑小品等元素相结合，彼此协调统一，才能构成和谐的景观空间。

图 1.95　尺度适宜的水景

## 二、庭院水景的形式

很多业主谈论到水景的时候，就把它等同于锦鲤池。每当聊到庭院内是否需要设计水景时，他们往往会说："哦，锦鲤池啊，不要，我们这个院子小，做不了锦鲤池。"也有的业主一上来就提出想要挖个锦鲤池的诉求。这是对庭院水景设计的一种误解，或者说是对庭院水景的理解过于片面。

庭院水景的形态非常丰富，锦鲤池只不过是其中一种比较常用的典型水景。

图 1.97　常见水景形式

视觉是我们欣赏水景最主要的途径，眼睛可以让我们欣赏到各种各样、形态丰富的水体景观。因此，从形态上进行分类也是庭院水景最主要的分类方法。根据形态的不同，我们可以把水景分成大的两类：动态水景和静态水景。

图 1.98　常见水景形式

图 1.99　常见水景形式

## （一）动态水景

动态水景根据其运动形式不同可以
分为喷泉、涌泉、瀑布、跌水、叠水、
添水、水幕墙、溪流等。在庭院设计中
常用的两种水景处理方式是叠水和跌水。
简单来说，叠水就是水顺着台阶一层层
地向下流，有一个横向铺展的过程；而
跌水则是类似瀑布，是纵向跌落的过程。

图 1.100　动态水景

### 1. 跌水

跌水是指形态规则的落水景观，多与建筑、景墙、挡土墙等结合营造。

瀑布跌水、景墙跌水和水幕水帘都是比较常用的形式。

庭院中的瀑布主要是利用地形高差和砌石形成的小型人工瀑布，水景设计要借助水的动态效果
营造充满活力的居住氛围。瀑布跌落有很多形式，在日本造园书籍《作庭记》中把瀑布分为"向落、
片落、传落、离落、棱落、丝落、左右落、横落"等十种形式。不同的形式用以表达不同的感情。
瀑布按其跌落形式分为滑落式、阶梯式、幕布式、丝带式等多种，并模仿自然景观，采用天然石材
或仿石材设置瀑布的背景和引导水的流向（如景石、分流石、承瀑石等）。

图 1.101　瀑布跌水

当水遇上景墙，会擦出怎样的火花？水景搭配不同风格的景墙，设计感能够得到有效的提升，或简约，或委婉，或动感十足。一道细流随着景墙流淌而下激起浪花飞雾，荡起飞金碎玉，飞流直下，汇成一渠。

水之柔与墙之刚，一刚一柔完美呼应，二者结合产生的全新创意更增强了视觉效果。

图 1.102　景墙跌水

水帘是由较大的落差和较宽水流面形成的跌水，调整水流量与出水口的形状会得到不同形态的水帘。可以根据环境的变化而改变自己的形状，或丝丝细流，再或者没有任何依托之物，亦就变为了水帘。

水帘可以倾泻如瀑布，又可以缠绵如小溪，既有悦耳的韵律，又有流畅的形式。水帘又叫"落水屏风"。

图 1.103　水幕水帘

## 2. 叠水

叠水之妙在于叠，或宽或窄，或曲或折，或简约或妖娆，错落有致，展现递进式的层次之美。

有的设计师利用两种水景的特质将叠水与跌水结合，这样也可以呈现不错的效果。

图 1.104　叠水小品

## 3. 庭院溪流

庭院中小河两侧岸石嶙峋，河中少水并纵横交织，疏密有致地放置大小石块，小流激石，涓涓而淌，在两岸土石之间，栽植一些耐潮湿的蔓木和花草，构成极富自然野趣的溪流景观。

溪流是提取了自然山水中溪涧景色的精华，使之再现于城市园林之中。庭院里的溪涧是回归自然的真实写照。

图 1.105　庭院溪流

## （二）静态水景

　　静态水景是最常见的水景形式，平静的水面产生倒影，水面映照花木景物，庭院中的美景一览无余，如同镜子一般，俗称"平静如镜"。以这种观赏效果为目的的水体，称"镜池"。静态水景水池底部的设计也很重要，可采用瓦、卵石、碎石等材料铺装。如同镜子般清澈明亮的水面，容易打造出静谧空灵的场所。

图 1.106　静态水景

### 1. 水池水景

　　想要设计出美观的水池水景，在大小、驳岸、节奏感、虚实关系、前后景深、植物搭配等方面都要有所考虑。当石块长满青苔时，会有一种"苔痕上阶绿，草色入帘青"的美感，总的来说，水池水景兼具造型美观、施工期短、拆除方便、生态多样的优点，可以为花园增加一抹亮色、一份乐趣。

图 1.107　水池水景

## 2. 泳池水景

泳池既能够让我们清凉一夏，又能为美丽的庭院锦上添花。如今比较流行无边泳池，这是私家泳池的新风尚。无边泳池在视觉上没有边际，前方魅力风景一览无余，能与环境巧妙地融合，形成独特的视觉效果，使游泳池看起来没有边际和池壁，从而达到空间无限延伸的视觉效果。

结束一天的工作，回到家中，游泳池绝对是卸下疲惫的好方法。

图 1.108　泳池水景

## 3. 旱溪

旱溪就是不放水的溪床，即通过人工仿造自然界中干涸的河床并配合植物景观，虽无实质的水，但在意境上是表现出溪水的静态景观。旱溪经常和花境搭配组成景观，一条使用大小不一的碎石组成的旱溪，两侧围绕着一株株植物一丛丛花草，自然美丽。

在旱溪景观中，以砂砾卵石等拟态水景，虽无水却胜有水。

图 1.109　旱溪

## 4. 水景小品

　　水景小品是指通过各种造型、设施和景观元素的巧妙结合，营造出具有观赏性和艺术性的装置，它可以为整个庭院增加活力与生机。例如在一个古色古香的瓦缸中种上荷花或睡莲，在夏日欣赏它的亭亭玉立、它的出淤泥而不染。

图 1.110　瓦缸水景

图 1.111　瓦缸水景

图 1.112　瓦缸水景

# 三、庭院水景搭配

## （一）灯光

　　水景灯光在起到照明作用的同时，也是庭院中一道亮丽的风景线。选择不同样式的灯光会带来不同的景观效果，给庭院水景带来活力。

图 1.113　水景灯光

## （二）雾森

雾森系统是指利用雾森机组，将水激发成雾状的细小水滴，这些水滴可以在一定时间内悬浮于空中，形成云雾般的景观效果。人造雾森系统在工作时会释放大量的负氧离子，提高空气质量，让人感到舒适与放松。水景的灵动与水雾的轻柔相结合，缔造优雅而舒适的景观。人造雾隐藏在水景植被或建筑与道路周边，环绕于各种景观之中，为景观营造出好似热带雨林的自然风光。这个系统还可降低周围环境温度，增加周围空间湿度以达到防尘压尘、净化空气的目的。

图 1.114　水景雾森

## （三）景石

景观石是庭院景观中起到点缀、美化景观作用的自身具有一定美感的石头，也称为观赏石。其用途广泛，在庭院设计中随处可见，如草坪、小径、门廊等周围。也可以用于水景部位，增强空间内的景观效果。"水令人远，石令人古，园林水石，最不可无"。潺潺流水似乎代表石头被冲刷的时光，珍惜岁月所留下的痕迹。

图 1.115　水景景石

（四）植物

水生植物可以在水中生长，是庭院水景景观重要的组成部分，也是保证水体能够美景常驻的重要手段。水生植物按习性主要分为挺水植物、浮水植物、沉水植物和漂浮植物。

挺水植物是指根系生长于泥土中，茎叶挺出水面之上的植物。比较常见的有荷花、千屈菜、香蒲、卢苇、菖蒲、慈姑、黄花鸢尾等。

浮水植物是指根系生长于泥土中，叶片漂浮于水面上（水深 1.5 ~ 3m）的植物。浮水植物在划分水面空间、改变水面色彩、增加水面景观效果方面有很大的作用。如睡莲、芡实、萍蓬草、荇菜等。

图 1.116　挺水植物

图 1.117　浮水植物

漂浮植物是指根系生长于水中，植株体漂浮在水面上的植物。它多数以观叶为主，随着漂浮地点的变化，植物可以改变不同水域的水面景观效果。如凤眼莲、水鳖、人漂、槐叶萍等。

湿生植物通常指生长在水边，有很强的耐水湿能力的植物，这类植物从水深 20cm 处到水边的泥中均可以生长。水缘湿生植物是河道植物景观中的过渡带植物，常见的有旱伞草、美人蕉、马蹄莲、石菖蒲等。

图 1.118　漂浮植物

图 1.119　湿生植物

# 四、庭院鱼池水景过滤系统

一套完整的溢流式鱼池过滤系统设计要包括：沉淀仓、竖管仓、物理过滤仓、生物生化仓、清水仓。过滤池面积要达到鱼池的 1/3，过滤池建造在鱼池旁，第一仓室与鱼池池水相通，经过层层过滤到最后一个仓室再利用水泵把水抽回鱼池，这样鱼池的水不断地循环流动过滤。其中通过的每个过滤单元里安装了许多有大量孔隙的过滤材料，利用过滤材料的吸附和阻隔，把水流里的杂物滞留在过滤材料上，再利用杂物自身的重力把它们沉降在每个过滤仓的底部，最后用水泵把清水仓的水抽回鱼池，同时通过落差达到给鱼池补充氧气的作用，整套鱼池过滤系统自动水循环。

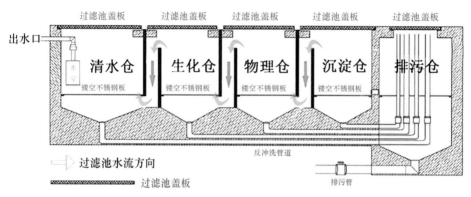

图 1.120　过滤系统示意

## （一）物理过滤仓的主要过滤材料

毛刷是一种较好的过滤材料，重量轻，构造简单，方便清洗，过滤效果好，即使长时间不清洗也不会堵塞；其粘附异物的能力极强，不同尺寸可以适应不同深度过滤仓的需要。毛刷作为物理滤材要尽可能采用高密度的摆放方式，有必要的话建议设计两格毛刷仓，以减少颗粒型杂质或污物直接进入后续的生物过滤仓。

图 1.121　过滤系统示意

## （二）生物生化仓的主要过滤材料

这类过滤材料的种类很多，如细菌屋、珊瑚石、生化藤棉、火山石、麦饭石、生化球、陶瓷环等。多个滤仓可以分别按设定的顺序放置，这样可以保持整个过滤器的微生物数量和水质的相对稳定性。

## （三）清水仓的作用

清水仓就是一个清水仓室，仓内放置杀菌灯对水质进行杀菌消毒，可以设计得小一点，里面还可以放置鱼池抽水泵，但要注意不要把排水管放得太低，水流出来的时候就会给鱼池增加氧气。

### （四）拔管排污仓的作用

利用各个仓室连通的原理，把主池排水管和各个滤室底部的底排管分别引入其中，只要拔掉任何一个连接管上插着的竖管就能够实现对该管所连接水池或滤室的独立排水。对于低于地面的竖管室，一般采用抽水泵进行排空。

图 1.122　过滤合理的水景

### （五）配套设施

当成套的过滤系统配置齐全后，只需再接上相应水管和配件即可。过滤器安装在岸边或者其他隐蔽的地方，潜水泵安装在池底；通过潜水泵将水体抽到岸边的过滤器箱体内，通过第一层 UV 杀菌灯的杀菌与消毒，再通过箱体内的毛刷、过滤棉、生物球及环保生化滤料的二重过滤和净化，达到水质清澈见底、无绿藻无漂浮物产生的目的。

# 第八节　庭院造型和空间
## ——空间造型之韵

图 1.123　空间内的变化与统一

节奏与韵律是物质运动的一种周期性表现形式。有规律的重复,有组织的变化现象,是设计造型中达到统一和变化二者动态平衡的一种表现手段。通过连续或交错的重复,可以彼此呼应,加强统一效果,以强调变化丰富造型形象。

图 1.124　变化而统一的空间

# 一、造型与空间的节奏

　　矩形的形式尽管十分简单，它也能设计出一些不寻常的有趣空间，特别是把垂直因素引入其中，丰富了空间特性。

　　在纯粹的浪漫主义者面前，矩形是乏味且沉闷的，相比之下，若是一系列规则的圆随机排列在一起更能产生愉悦感。如果我们把一些简单的几何图形有规律地重复排列，就会得到整体上高度统一的形式。通过调整其大小和位置，就能从最基本的图形演变成有趣的设计形式，像三角形体现一定的运动趋势能给空间带来某种动感，圆的魅力在于它的简洁性、统一感和整体感。这些形式可能是对自然界的模仿、抽象或类比。

把一些不规则的有机形体组织在一起，使人进入轻松、自由的意境之中。从功能上说，这种蜿蜒的形状是设计一些景观元素的理想选择。在空间表达中，蜿蜒的曲线常带有某种神秘感，给空间带来一种松散的、非正式的气息。

图 1.125　不同形态的结合

## （一）聚合和分散

　　元素之间通过相互吸引而聚合在一起，组成不规则的组团；各元素又彼此分离成不规则的空间片段。景观设计师在设计中使用聚合和分散的手法，来创造出不规则的同种或彼此交织和包裹一些分散的例子，它们表达出一种破裂分开的感觉，同时也是一个紧密联系在一起的元素向松散的空间元素逐渐转变的概念。

图 1.126　空间内的元素组合

## （二）多种形体的整合

仅仅使用一种设计主体虽然能产生很强的统一感（如重复使用同一类型的形状、线条和角度，同时靠改变它们的尺寸和方向来避免单调），但在通常情况下，需要连接两个或更多相互对立的形体。不管何种原因，都要注意创造一个协调的整体。多种造型的组合也能更好地表现出一种好奇、着迷或被吸引的感觉。它虽然并非基本的组织原则，但从美学角度上说是必需的，因此也是设计成功与否的关键。

通过使用不同形状、尺度、质地、颜色的元素，以及通过变换方向、运动轨迹、声音、明暗等手段可以产生一定的趣味性。

图 1.127 多种形体的整合

使用那些易于引起探索和惊奇兴趣的特殊元素及不寻常的组织形式，能进一步加强趣味性。

# 二、造型与空间的韵律

韵律能满足人的精神享受。由于它在空间表现中的重要作用是能增强空间的感情因素和感染力，具有抒情意味，引起共鸣，产生美感，因此节奏与韵律法则在运用中是相辅相成的。

图 1.128 空间的节奏与韵律

# 第二章
## 庭院案例解析

# 第一节
# 新中式庭院案例解析

**九间堂**

传统的东方韵味与
现代时尚交融的庭院

庭院位置：该项目位于南京市江宁区三山风景区，距
新街口和禄口机场驱车仅 15 千米，交通便捷
庭院面积：400 m²
庭院风格：新中式风格

## 客户需求

客户自身是从事地产行业的，首先要求庭院一定要有"吉祥如意、招财进宝"的寓意。其次就是绿化不能太多，在沿边的花坛进行简单的植物配置即可。再次，客户还非常喜欢雪浪石，因此要大面积铺装雪浪石。最后由于建筑本身就是新中式风格，庭院也确定了新中式风格。

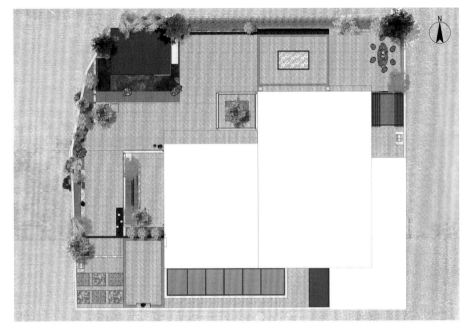

**特点**

❶ 寓意吉祥
❷ 植被简单
❸ 富有韵味

图 2.1　庭院平面图

该项目位于南京市江宁区三山风景区，东接将军山风景区大门，南临佛城路，西靠盛唐艺术馆，牛首山、翠屏山、将军山层峦叠嶂，野生树木葱郁，芳草萋萋，鸟语花香。同时，项目距新街口和禄口机场驱车仅 15 千米，交通非常便捷。背靠青翠山林，面对都市繁华，坐拥知名学府，可静享自然、人文、亲情相融的生活。

房型设计再现了"庭院深深"的中式风格建筑传统和意向。

图 2.2　庭院鸟瞰图

## 设计理念

新中式风格的发展日新月异，营造出简约、精致、时尚，具有传统文化气息的庭院景观。采用参考的中式元素层出不穷，对应的唐、宋、元、明、清各朝各代的中式韵味也各有千秋，并非一味不加思索地乱套乱用。

图 2.3　中式元素的景墙

## 案例详解

庭院的风格与别墅外立面整体的建筑风格契合，将传统元素与现代设计手法巧妙结合，既体现中国传统文化的神韵，又具备现代感的新设计、新理念。

图 2.4　庭院效果图

院内空间相对比较宽敞，在景观营造和功能布置上做重点考虑，植物造景、建筑景观和景观小品的连接不可过分紧凑，需要自然过渡，同时产生区分效果，提升庭院整体的景观性。

图 2.5　庭院效果图

图 2.6　庭院的空间过渡

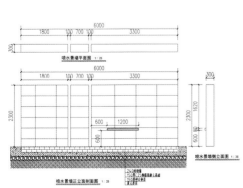

图 2.7　景墙做法

图 2.8　庭院座椅

　　庭院采用空间上的渐变，凸显出层次感，高低错落的景致引人入胜。水的特质是温和的，砖块铺垫在水中，踱步在木栈道之上，漫步在庭院之中，其致远悠长的环境氛围会放慢时间的脚步，所有思绪与美好在此时浮现。

图 2.9　庭院空间的渐变

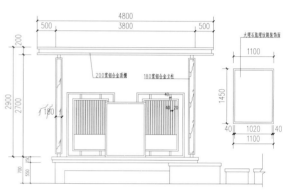

图 2.10　茶室做法

图 2.11　木栈道与茶室组合

户外茶室的设计往往需要别出心裁的创意。将山间交错穿插的石头简化成石板踏步，交叠而上至凉亭之中。周围水系环绕犹如置身山间湖泊之中，交流洽谈时聆听潺潺流水声、观赏来往的游鱼，在繁忙的现代都市生活中营造出祥和惬意的自然意境。

"主峰最宜高耸，客山须是奔趋"，将凉亭茶室通过主景升高的设计手法，很好地体现了功能布局上的景观重点。

图2.12　户外茶室实景

图2.13　户外水槽实景

　　将凉亭置于庭院空间的几何中心或相对中心的位置，使全局的规划稳定适中。景墙正对庭院内的园门，给业主带来了最直观的视觉体验。

由低矮的花坛过渡到高耸的凉亭，再由别致的凉亭过渡到美观的景墙，体验丰富，趣味十足。

图2.14　庭院景墙实景

# 中国人家·玉鉴园

古色古香的东方小院，坐
落在诗画里的江南风情

庭院位置：该项目位于南京市江宁区，毗邻百家湖商
业区，交通便利，闹中取静
庭院面积：400 m²
庭院风格：新中式风格

## 客户需求

因为业主所在的小区是中式风格,室内是现代风格,这就要求庭院既有现代气质又有中式味道,所以在设计时要对中式元素和色彩作出保留,结合现代简约的手法进行设计。除此之外,业主提出一定要设计一个小树屋,这是孙子的"秘密空间"。

图 2.15　庭院鸟瞰图

## 设计理念

中式庭院,出则繁华,入则静逸。粉墙黛瓦,道不尽江南风光;落地门窗,完美融合了古色古香的传统和贴心备至的时尚。

图 2.16　庭院中庭实景

特点

❶ 古色古香

❷ 亲近自然

阳光自然地洒落在中庭，一座小桥，一湾清水，气定神闲。

图 2.17　庭院中庭实景

## 案例详解

　　中式庭院注重入口的设计，讲究正式、规整、大气的格调。推门而见的花岗岩景石与植物搭配，正是中国园林造园手法里的"障景"，其本身不仅是一处美丽的景观，也为深入住宅的人提供了一个心理缓冲的过程。

图 2.18　庭院入口

图 2.19　建筑入口

图 2.20　庭院实景

图 2.21　石凳做法

在小桥流水之中养花喂鱼，一墙之隔，世俗的一切，在这里都如同过眼云烟。一小池水面，仅仅是滴水的声响，也可以勾起人们许多思绪。

　　庭院中多处使用防腐木元素，庭院以休闲娱乐为主，小桥流水边设计了两处休闲区。一处供儿童嬉戏，打造了一架木制秋千；另一处则是庭院中最大亮点——亲水平台。

图 2.22　木制秋千实景

　　木制树屋是孩童嬉戏玩耍的世外桃源，木材柔和的特性软化了整个空间，在视觉上形成了区域内的景观重点，在功能上满足了游乐的功能需求。

图 2.23　木制树屋实景

　　"宁可食无肉，不可居无竹"。中式偏爱使用圆形的元素，镂空景墙后栽植了几株名贵的金镶玉竹，让空间更显大气与诗意。

图 2.24　月洞门实景

在这里，可以赏"春有百花秋有月，夏有凉风冬有雪"之景，可以有"笑看风轻云淡，闲听花静鸟鸣"之态，这是诗意与艺术的生活。

芭蕉也可以作为庭院造景的植物，其叶如巨扇，叶片嫩绿。盛夏能遮天蔽日，避于假山石后，与水景结合给人以清凉之感。

图 2.25　植被、置石、小品组合

由于园主人向往田园生活，所以将院子的后门处的空地划作了菜圃，平时种些瓜果蔬菜，能吃上自己种的蔬菜也别有一番风味。这个区域的铺装也值得一提，中式铺装元素几乎都在菜园中体现，例如碎石（鹅卵石）、石板、青砖、圆磨盘汀步等。

图 2.26　庭院后门实景

# 大吉公园

花草做伴，看阳光白云，
赏四季美景

庭院位置：该项目位于南京市浦口区，旁边就是温泉
度假小镇，是一个山清水秀、安静惬意的地方
庭院面积：154 ㎡
庭院风格：新中式风格

## 客户需求

　　该项目是业主用来养老的居所，建造时间节点也比较紧凑。在设计阶段结合房屋整体的建筑风格与业主自身的兴趣，将庭院确定为新中式风格。在不失现代感的同时将桥、亭、门等小品展现出来，使整个庭院获得宁静、祥和、沉稳之感，打造出一个古典与现代融合的新中式庭院。

　　首先，在植物设计方面，由于业主儿子是在国庆结婚，从时间上估算植物种植的时候天气比较炎热，导致维护成本较高。其次，在选择植物方面也考虑了耐旱耐寒易成活的植物类型。

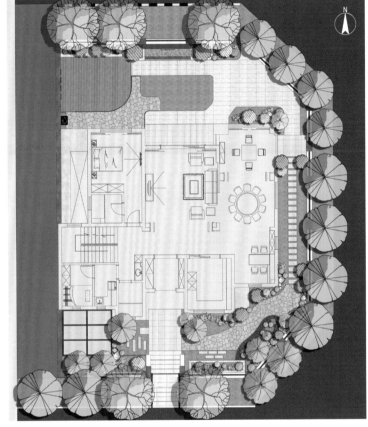

图 2.27　庭院平面图

○ 舒适便捷
○ 亲近自然
○ 氛围感

## 设计理念

　　建筑坐北朝南，分为南院、北院和侧院。以新中式风格为基调，将花园打造成集观赏和休闲为一体的室外生活空间。

图 2.28　庭院鸟瞰图

图 2.29 植物配置效果图

图 2.30 植物配置实景

简洁大气又不失灵动的庭院，旨在为园主人提供多种户外生活方式的可能性。亲近自然，感受美好，同时还能促进家庭的和谐美满，使人身心健康。

图 2.31 庭院实景

图 2.32 庭院实景

## 案例详解

南院庭院入户位置的左侧是一个小型的阳光房，冬日在这里晒太阳是个非常不错的选择。设计时将地面设计成草坪加汀步的形式。

后来考虑后续的养护问题，经过修改，最终呈现的是砾石铺地加汀步的形式，更显简约大方。

图 2.33　阳光房效果图

庭院入口右侧采用了不规则的碎拼铺地，搭配几块汀步和花池内的砾石铺装，微型假山和遍布在道路两旁的花池，展示出精致与繁茂的庭园景象。

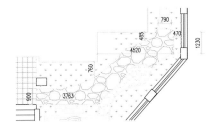

图 2.34　入户铺装做法

图 2.35　铺装实景

庭院入户经过右侧的景观区，映入眼前的是一个线型的侧院，这是一段流畅的道路景观。规则的花岗岩板汀步铺设在麦冬草坪中，简洁清雅，干净流畅，又充满了质感。

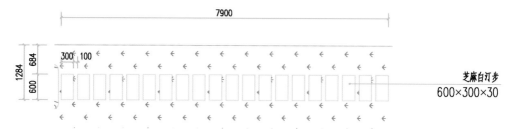

图 2.36　汀步做法

图 2.37　侧院实景

经过侧院，就步入了北院。北院宽敞，整体线条流畅，简约利落，大气敞亮。植物和硬装的搭配，趣意高级又不失生活气息，是居家生活的佳地。

图 2.38　北院效果图

图 2.39 北院实景

图 2.40 北院景墙实景

北院的铺装经过了精心设计，规则的花岗岩铺装，不规则的碎拼铺装，再搭配一块小巧的草坪和一个大型的防腐木平台。

雕刻着花纹的水景墙，潺潺的跌水沁人心脾，水池侧畔竖立着一株罗汉松，是中式风情的不屈精神，是刻入骨子里的东方诗情画意。

整体既简约大气，又凸显创意与巧思。

木制铺装规则整洁，与周边的碎拼铺地相映成趣。

图 2.41 北院防腐木平台实景

图 2.42 北院防腐木平台实景

# 第二节
# 现代庭院案例解析

## 依云溪谷（一）

听鸟鸣之声，看四季
花开的篱笆小院

庭院位置：该项目位于南京市栖霞区仙林大学城内，
风景优美，学术气息浓厚，是一个绝佳的居家之所
庭院面积：150 ㎡
庭院风格：现代风格

## 客户需求

　　该庭院是一个改造项目，业主对庭院建设有自己的憧憬，他们希望其在具备简约时尚感的同时还能兼具功能性与实用性，在构筑物和形式上要能与建筑外立面相协调，让住宅融入花园设计，在保留原有树木位置不变的情况下进行布局设计。狭长过道增设廊架使整体更有层次，小径曲折，增加园趣。

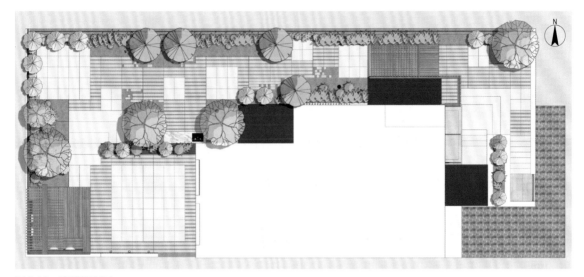

图 2.43　庭院平面图

## 设计理念

　　该项目旨在将现代生活和自然景色紧密结合在一起,打造一个既舒适便捷又充满自然趣味的庭院。

　　庭院整体层次丰富，各个空间相互独立又紧密衔接，风格上尊重建筑的立面形式与元素，材质上注重简洁干净，在细节精致与质感粗犷中做自然调和，结合灯光的设计布置，营造温馨的氛围烘托空间，带给园主人和客人良好的游园体验和时尚的视觉感受。

特点

① 舒适便捷
② 亲近自然
③ 氛围感

图 2.44　庭院实景

## 案例详解

入户大门处，花岗岩铺设的台阶简洁大方，配上木栅栏又增添些许雅致之感，栏杆上的盆栽植物又给整个院子带来勃勃生机。

> 狭长背光的过道阴暗潮湿，处理不好就会杂草丛生，特别容易滋生蚊虫。在这种背光的环境下，尤其要考虑到通风的情况，所以设计时也有一些小心思。

图 2.45　建筑入口

廊架的设计，一侧搭配防腐木栅栏，给这处通道增添了些雅致的园趣。墙上具有蘑菇面的铺装，也是一处小惊喜。

通过侧院的过道进入主院，可以看到几层宽阔平坦的台阶，瞬间给空间划出了层次感。踏上台阶，左侧是一个相互连接的户外洗手池储物柜和花池，右侧则是划分好的绣球花池。

图 2.46　庭院廊架

图 2.47　台阶与花池组合

图 2.48　台阶花池组合

　　事实上，设计师利用台阶将空间划分为两个部分，台阶之上是一个宽阔简约的休闲娱乐平台，这里设置了常用的户外餐椅和户外洗漱的水池，是非常生活化的设计。另一个就是台阶下的平台，其主要功能是作为休闲的场所，比如遮阳伞所在的平台，只是业主暂时还没有放置家具。

以功能为导向对空间进行合理的划分，可以使庭院充满秩序，各司其职，这也就能够满足多人同时进行不同活动的需求。

图 2.49　庭院实景

图 2.50　植物搭配

　　花园内原有的乔木如山楂、枇杷、杏树、红豆杉等，留存了一些原始的气息，搭配上花池的花卉，形成一种和谐的自然环境。植物多以夏季花卉为主，如盛开的绣球花，美丽醉人，可于此乘凉赏花，在这个花园里享受四季的更迭。

打造自己心目中的理想庭院，由于庭院面积、地理位置、气候条件等因素的不同，因此在进行植物配置的工作时需注意因地制宜、合理搭配的基本原则。

图 2.51　庭院实景

因为业主家里有小孩，所以还设置了一些儿童游乐设施，希望给孩子一个充满乐趣、自由快乐的童年。

图 2.53　儿童游乐设施

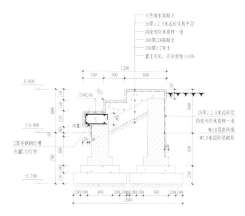

图 2.52　台阶花坛做法

图 2.54　儿童游乐设施

# 依云溪谷（二）

花开四季，水声潺潺，童趣盎然的森林世界

庭院位置：该项目位于南京市栖霞区仙林大学城内，学术气息浓厚，周边绿化率很高，风景美丽却不孤寂
庭院面积：150 m²
庭院风格：现代风格

## 客户需求

该花园是 L 形花园，整体比较方正，客户希望从花园门到入户门的两侧能有美丽的花境呈现，力求做到四季变换分明并且易于打理，未来每天回家的时候都有花草相迎，在忙碌的一天过后能够得到充分的幸福和满足。

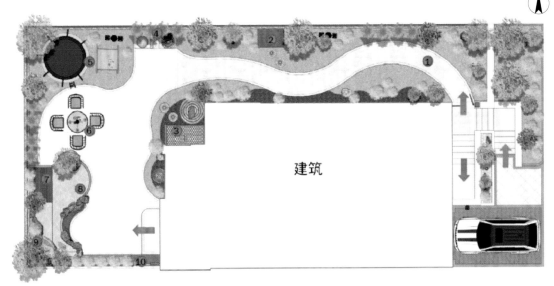

1. 园路　　　4. 洗手池　　　7. 过滤仓　　　10. 卡座
2. 工具房　　5. 儿童娱乐　　8. 鱼池
3. 室外机　　6. 休闲茶饮　　9. 假山流水

图 2.55　庭院平面图

天空、阳光、白云、植物、花香、休息、放松、舒适……

## 设计理念

在一座现代花园里感受这些点滴，父母满怀笑意注视着孩童嬉戏玩闹，老人悠闲地种花种菜，这便是一个幸福家庭的美好时光。

特点

◉ 适合家庭互动

◉ 亲近自然，四季分明

◉ 易于打理

图 2.56　庭院实景

## 案例详解

　　享受庭院生活就是要在日常生活和休闲赏景中达到一个平衡状态，合理规划每一处空间。对于该项目来说，因为业主一家三代人住在一起，所以每个家庭成员的需求都需要充分考虑，让他们都能享受庭院生活。

图 2.57　庭院实景

结合业主的设计需求，在入口处设计了花境，也在剩余的位置保留了几块空地作为小菜园，实现家中老人种菜的愿望。

业主家里有两个宝宝，在保证安全的基础上，利用院落里原有的大树设计了一个儿童树屋，为小朋友们提供游戏的乐园，给他们的童年留下一段难忘的探索自然的经历。

　　在植物配置方面，依旧以"三时有花，四季有景"为主题，打造出一个充满色彩的花园。沿道路两侧是各色花草，在树屋旁特别设计了一道木栅栏，爬满了藤本植物，更添些许惬意风景。

图 2.58　树屋秋千组合

图 2.59　木栅栏植物组合

图 2.60　植物配置

庭院是安静的，也是灵动的，灵动的水可以给整个院子带来活力和生机。院子里设计了一个生态小鱼池，一些锦鲤肆意游荡。鱼池的设计是灵动的，水流从壶里流出来，掉落在石头上，泉水叮咚的声音充满活力。鱼池中有摇曳漂浮的睡莲，底下锦鲤欢快畅游。整个院子都充满着欢快的气息。

树屋和水池中间架了一座秋千，这里是园主赏景的最佳选择。风和日丽的日子里，孩子在树屋中玩耍，妈妈坐在秋千上陪伴，听池水叮咚，看锦鲤畅游。

图 2.61　庭院水景

廊架是院子里的功能性区域，这里有一间工具房、一个户外洗漱台和储物间，既实用又好看，充满了生活气息。整个廊架和木制平台都由防腐木制成，专门为户外庭院设计。在整体的花岗岩铺装中使用木制元素，缓和了花岗岩的坚硬与冷冽，柔和了空间氛围，为庭院注入了温度。

这是一个满足了一家三代人居住需求的院子。老有闲适，种菜是乐趣，幼有乐园，树屋则是孩童的快乐区域。对于中间一代的年轻人来说，秋千摇曳、种花养鱼、听泉水叮咚、看幼儿嬉闹，这正是庭院生活最好的模样。

图 2.62　廊架与木制平台组合

图 2.63　庭院菜园

# 第三节
## 现代禅意庭院案例解析

### 爱涛临湾苑

绿树阳光、锦鲤畅游，这是
人间烟火的禅意小院

庭院位置：该项目位于南京市江宁区，毗邻百家湖商业中心，
交通发达，闹中取静，是一个居家住户的好地段
庭院面积：200 m²
庭院风格：现代禅意风格

## 客户需求

　　该案例是一个改造项目，客户本身做过花园的初步改造，自己对花园也有很明确的思路与想法。由于当时客户已经入住，所以为了避免对日常生活的影响，施工时间上需要尽量压缩。

　　由于客户之前是随意设计的，没有划分区域，比较凌乱，故显得院子空间杂乱压抑。同时还有一个现状鱼池，业主想保留鱼池的同时对其进行简化处理。

图 2.64　庭院效果图

## 设计理念

　　庭院定位现代禅意风格，既能够将庭院规划得合理，又能营造出舒适悠闲的禅意空间。现代禅意庭院不但注重自然之景的原生态呈现，注重功能的多样性、结构和形式上的完整性，而且追求材料、技术、空间表现的深度与精确度。

　　在家庭庭院中以这种禅意风格来设计，一方面搭配和谐，另一方面还极具实用性。

**特点**

① 简约

② 悠闲舒适

③ 禅意自然

图 2.65　庭院鸟瞰图

在植物设计方面，业主的庭院在改造前大都是绿植，且没有明显的区域划分，没有充分利用庭院空间。通过对业主原有花架上的植物进行修整，原本乱糟糟的花架顿时耳目一新，视野也变得开阔起来。

图 2.66　庭院实景

整体则以简约的常绿灌木和乔木为主，搭配一些小型的花卉，整体简单干净，不失色彩，又达到了低维护的目的。

图 2.67　庭院实景

## 案例详解

庭院四周用木栅栏围合，栅栏周边种植绿植，形成高低交错之感。前院主要由观景区和休憩区构成，进入院子后便可看到院门一侧的水幕景墙、木制平台和单臂花架。地面由花岗岩板和草坪铺装而成，草坪区域分割成不同大小的半圆形，增添了趣味性。

水景的设计简洁大方，一汪清泉，一面景墙，还增设了汀步，在汀步上行走仿佛置身山水之间。水池中增加了过滤系统，水质更好，锦鲤们也更加活泼地在水池中游动。

图 2.68　植物设计

图 2.69　庭院铺装

图 2.70　庭院水景

图 2.71　庭院水景

　　庭院小路使用花岗岩板铺装而成，在空闲土壤上则铺设了光滑的小石头，石钵流水立于其中。另外，庭院中多处布置了假山，山水结合又组成了一幅令人惊叹的自然风光。

图 2.72　庭院小路铺装

图 2.73　庭院木制平台

　　水池的一边搭设了木制平台，在平台上摆放上精美的桌椅，还有可收缩的遮阳伞，营造了乘凉、喝下午茶的绝佳地点。

桌椅旁是单臂花架，将盆栽不规则地挂在
花架上，呈现独特的美感和视觉感受。在
这里，可以享受阳光、花草、山水之美景。

图 2.74　庭院木制平台

图 2.75　庭院小路铺装

图 2.76　花架实景

**武夷绿洲**

山水之间，错落点缀，看那玉湖

侧畔的禅意小院

庭院位置：该项目位于南京市江宁区秦淮河边、风景宜人，

周边商业汇聚，交通发达

庭院面积：400㎡

庭院风格：现代禅意花园

# 客户需求

业主这个院子本身是为孩子准备的，要求方便孩子玩耍，因为花园平时由家中的老人进行打理，所以要求低维护，尽量减少植物的比重，多用大面积铺装。除此之外还需要设计一块菜地，满足老人种菜的需求。

**特点**

1 易于维护

2 具备休闲功能

3 自然的禅意风格

因为房子是临湖的，所以设计的时候要充分利用这个景色。房子室内装修风格是禅意风，业主要求室外也要统一风格。

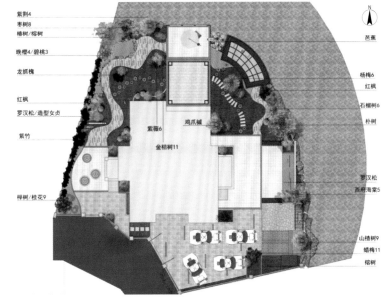

图 2.77　庭院平面图

图 2.78　庭院鸟瞰图

# 设计理念

现代禅意花园，整体在现代风格的基础上加入中式传统的禅宗理念，将古老东方的造景元素提炼融入于其中，透露出古典韵味，又有些神话色彩。

图 2.79　景墙框景

图 2.80　景墙框景

图 2.81　庭院实景

图 2.82　庭院植物设计

## 案例详解

涟漪式的铺装形式，象征春水源头，三圈涟漪和五个拴马桩，"三五成群"的组合，对应三山五岳，意向传说中的三座仙山"瀛洲""方丈""蓬莱"。

图 2.83　拴马桩

图 2.84　铺装涟漪

涟漪可以解释为物体落入平静水面而形成的波纹，涟漪形状的铺装图案是在无水的场地中营造出有水的意境，这种意境蕴含的方式取自于中国古典园林的造园手法。

连廊的设计形式巧妙，镂空的格栅若隐若现，使人在虚实之间体验自然的奥妙。一步一景，草坪汀步，廊腰缦回，是勾连映衬的美丽。

钢结构的连廊取自中式传统的连廊设计，保留了其"骨架"，去除了烦琐和复杂的设计，呼应了简约禅意的主题，达到了返璞归真的效果。

图 2.85 庭院连廊

图 2.86 庭院连廊

图 2.87 庭院连廊

简洁的框景墙将水景纳入眼前，片石假山点缀着近山远水。在房屋周围景致的映衬下，营造出现代禅庭文化的诗意栖居。

图 2.88　景墙框景

框景是中国古典园林中最为常用的造景手法之一。框景的框可以是门、窗、洞等，亦可以是图中景墙这样的形式，就像是摄影的取景框一样，界定了某处的景色，获得了画一样的效果。

图 2.89　景墙框景

# 第四节
# 现代简约庭院案例解析

## 璞樾钟山

夏天从一个休闲庭院开始

庭院位置：该项目位于南京市栖霞区马群，是一个新型的
年轻化的小区，是大多数年轻人的居所
庭院面积：120 m²
庭院风格：现代简约风格

## 客户需求

客户是一对年轻小夫妻，偏爱时尚简约主义。年轻的女业主是位性格直爽的都市丽人，钟爱干净流畅的线条，不喜欢花费过多的时间去打理庭院，只想在闲暇时充分地享受花园生活。

在植物方面，不需要种植过多的花花草草，只需铺上大面积的草坪，再稍微点缀一些花草即可。

- 明净轻快　　◎ 舒适简约
- 易于打理

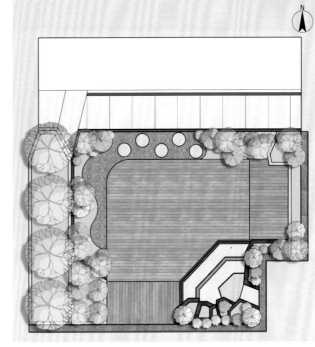

图 2.90　庭院平面图

## 设计理念

现代简约是目前备受推崇的风格，它拥有轻快简洁的线条和时尚的设计形式，深受年轻人喜爱，简约的外表之下凸显格调的内核。以简单的点、线、面为基本构图元素，以抽象雕塑品、艺术花盆、砾石、鹅卵石、木板、竹子等作为常用的造景元素，取材上不拘一格。

图 2.91　庭院鸟瞰效果图

简洁的体块构成干净的空间，精选的植物营造清爽的空间环境，去除冗繁的装饰，一切从简，现代庭院回归本真的美。心之淡然，自然的纯粹生活。

图 2.92　庭院鸟瞰效果图

## 案例详解

步行空间用汀步和碎石贯穿，角落设置造型树和花坛，树下用灯光点缀。入户门使用小饰品装饰点缀。庭院角落栽种树球，点缀角落，使得庭院整体线条更加圆润。

图 2.93　庭院实景

以防腐木作为主要装饰
材料的活动休闲区，搭
配户外家具。夏日夜晚
庭院内的灯饰与天空的
繁星相映成趣。

图 2.94　庭院实景

图 2.95　防腐木活动空间

图 2.96　庭院灯饰

在现代简约风格庭
院中，主要目的就
是烘托优雅和宁静
的氛围。

图 2.97　庭院植物配置效果图

现代简约风格的庭院无论是硬景还是软景，整体看起来极具线条感，视觉上看起来整洁美观，选取植物也是主要以绿色和素色为主，不会有过多鲜艳的色彩。

图 2.98 庭院植物配置效果图

图 2.99 活动空间植物配置

庭院运用简单的长方形、圆形，采用新兴的装饰材料如玻璃、不锈钢、户外桌椅等，显得简洁迷人，富有戏剧性，迎合了年轻人及快节奏人群的喜爱。都市忙碌和单调的生活让人厌烦，需要一个安静、祥和、无人打搅的地方，消解疲惫，忘却喧闹。

图 2.100　活动空间材料运用

图 2.101　活动空间材料运用

# 沁兰雅筑

推开小院轻掩的门扉，赏尽
和煦阳光下的秋日桃源

庭院位置：该项目位于南京市栖霞区仙林大学城附近，风
景优美，书香气息浓厚
庭院面积：400 ㎡
庭院风格：现代简约风格

## 客户需求

业主是企业高管，夫人也是一位知名的医生。由于这座房子是业主退休后养老生活的居所，室内空间属于意式简约风格，因此在庭院的规划设计中对室内风格进行了延续，整体体现出简约、时尚和大气的格调。

① 明净轻快 ② 舒适简约 ③ 易于打理

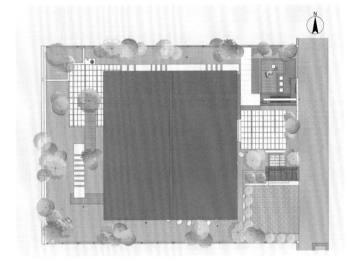

图 2.102　庭院平面图

## 设计理念

现代风格的庭院，遵循反对过度装饰的简约设计理念，摒弃了复杂的设计，删繁就简，去伪存真，以高度凝练的色彩和极度简洁的造型，在满足功能需要的前提下，将空间、人及物进行合理精致的组合。用最洗练的笔触，描绘出最丰富动人的空间效果，这是空间设计艺术的一种高端境界。

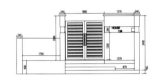

图 2.103　入户做法

图 2.104　庭院顶视图

## 案例详解

从入户开始就打开了庭院的神秘天地。庭院入户区域的每一处设计都经过精心构造，停车棚的两侧布置了花池，墙面设计了形态丰富的花箱。

图 2.105 花园入户实景

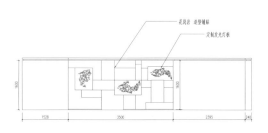

图 2.106 入户景墙做法

图 2.107 入户植物搭配

图 2.108　入户植物搭配

门扉轻掩，阳光从栅栏门的缝隙中穿透过来，在植物映衬下的光影之间，是一派悠闲静谧。园门后方的左右两侧也设计了精致小巧的植物区，树影憧憧，美不胜收。

图 2.109　庭院围墙

图 2.110　入户广场实景

　　步入花园前院，这是一场时尚简约之旅。推开门进入园中，右手边是一棵橘子树，金灿灿的橘子挂满了枝头，是"招财"的好寓意。在秋日暖阳照耀下，盛开的花儿们尽情绽放自己的美丽，木栅栏围墙下的每一株植物都值得细细品味。

图 2.111　前院实景

图 2.112　前院效果图

图 2.113　宅旁绿化效果图　　　图 2.114　宅旁绿化效果图

右手边是植物设计师精心搭配的植物，层次分明，错落有序，遵循着"三时有花，四季有景"的设计原则。

前院里景观不多，却十分精致，典型的就是水景景观，流动的水给整个院子带来了活力。上善若水，庭院里的水池中有一组小型的精致喷泉，为花园提供了动感，一切是那么的快乐美好。

图 2.115　水景景墙

图 2.116　植物水景组合

图 2.117　水景边缘绿化处理

伴随着墙角池边精心搭配的植物，构建出一幅现代山水田园画。

整个院子的布局严格意义上来说应该是一个回字形。从前院的两侧都有通道进入后院，在这两侧的侧院中均设计了精致的汀步过道，野趣中是精致的景观构造，看似分明独立，实则连接为一体。

植物是装点花园的精灵，细看，庭院里的每一处植物搭配都是巧思。种类不多，疏密有致，不会过于繁杂，却又层次丰富。

在色彩的选择上采用了几种颜色温和的植物，并通过搭配组合获得视觉的冲击力，展现出植物打造空间的能力。

图 2.118  侧院实景

图 2.119  侧院实景

图 2.120  侧院效果图

后院有夏天的味道，是乘凉佳地。相较于精心安排的前院，后院则是一种偏自然的风格，在保留部分原有大树和竹子的基础上，铺设了草坪和汀步，栽种了花草。除此之外还设计了单独的种植池，规划得井井有条，像是一幅精美的山水画。在这片不向阳的后院，是幽静的纳凉之所，是夏季的天堂。

图 2.121　后院种植池

现代简约风格的庭院体现的是一种简洁之美，追求自由奔放和大气，加入简单抽象的元素、大胆的对比用色等，突出庭院的新鲜感和时尚感。

图 2.122　后院实景

# 第五节
## 自然庭院案例解析

### 钟山高尔夫
紫金山脚下的静谧庭院

庭院位置：该项目位于南京市玄武区钟山风景区脚下，有山有水有古韵，地理位置绝佳

庭院面积：1600 ㎡

庭院风格：自然风

## 客户需求

该项目属于庭院二次改造项目，业主希望在保留原有水景的基础上提升庭院整体的观赏性。由于家中有定期的植物景观养护，因此不用担心景观现状，可使用大面积的植物营造自然风格的庭院。

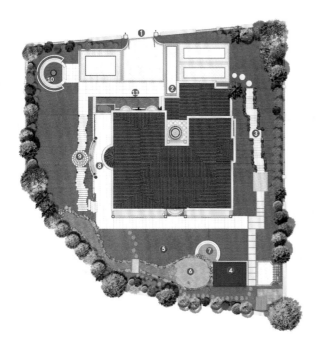

N

① 入口
② 入户门厅
③ 景观台阶
④ 休息区
⑤ 阳光草地
⑥ 生态水系
⑦ 戏水池
⑧ 造型景墙
⑨ 景观台阶
⑩ 下沉休息区
⑪ 镜面水景

图 2.123　庭院平面图

该项目位于南京市玄武区钟山风景区脚下，其间龙盘虎踞，山水城林浑然一体，可谓南京山水人文之荟萃。故诸葛亮有"钟山龙盘，石头虎踞，此帝王之宅也"的盛赞。

## 设计理念

由于项目别墅的整体为自然风格，因此室外景观与之统一，也以自然风格的设计为主。环绕整个别墅造景，以鱼池、凉亭为主要景观，打造出一个简洁大方、自然纯净的优美庭院。

特点

① 易于维护

② 具备休闲功能

③ 风格自然

图 2.124　庭院鸟瞰效果图

图 2.125　庭院鸟瞰效果图

## 案例详解

　　自然风别墅庭院景观除了前期规划，由于后期一般都不用再多加打理，只要在一定程度上保证植物自然生长即可，任由时光为庭院增色，因此在庭院景观设计中，植物和道路的设计是最为重要的。

图 2.126　道路植物组合实景

自然风别墅庭院十分讲究自然景物的有机融合，一般都把庭院设计得好似大自然的一部分，同时还具备优雅、含蓄及高贵的特色。

图 2.127　道路植物组合实景

　　设计的主导思想以自然、实用为主，以体现自然、舒适为原则，使景观和建筑物相互融合、相辅相成。自然而成的山水景观放置在庭院里，和谐而不突兀。

图 2.128　庭院实景

图 2.129　景墙实景

图 2.130　建筑水景组合实景

清澈见底的水体、规则平整的石阶、若隐若现的
汀步、质感和谐的栅栏、大气宜人的凉亭和休憩
躺椅，构成了一种恍若人间仙境的美感。

图 2.131 庭院实景

图 2.132 庭院实景

图 2.133　庭院水系实景

　　建筑物与景观实现完美融合。花草植物错落遍布，将阡陌小路规则化，自然景观经过人为规划，增添了人的意志，却又不失自然之美，这就是自然风格庭院。

自然风庭院中的建筑突出通透与淡雅之感，尽管它们风格迥异、功能繁多，但都承担着提升景观质量和丰富庭院意境的重要作用。

图 2.134　活动空间植物组合实景

图 2.135　活动空间植物组合效果图

在日益喧闹的城市中，越来越多的人渴望回归自然，自然风庭院也受到更多人的追捧，渴望在其中找到生活的美好。

图 2.136　活动空间植物组合效果图

图 2.137　活动空间植物组合效果图

　　自然风庭院强调"师法自然"的生态理念，以自然风光为主体，将庭院万象有机地融为一体，重在构造的精巧，更重在山水意境的创造。植物和道路的合理分布，体现了院内景观的层次感，也处处体现了崇尚自然的写意气息。

图 2.138　活动空间、水景、植物组合效果图

# 山河水 · 依云

浑然天成的诗意田园

庭院位置：该项目位于南京市浦口区汤泉古镇，占地面积较大，周边环境优美，风景宜人，适宜居住。

庭院面积：700 m²

庭院风格：田园风

## 客户需求

客户虽然非常喜欢植物，但又不太会打理。想要清新自然的视觉感受，庭院还需要满足种菜、烧烤等功能，可以体验陶渊明式的田园生活。

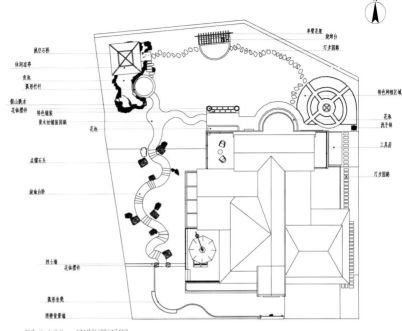

**特点**

1. 易于打理
2. 具备休闲功能
3. 清新自然

图 2.139　庭院平面图

## 设计理念

项目的别墅整体为自然田园风格，因此室外景观同样延续这样的风格，也以自然风格的设计为主导，植物搭配合理，配上一块菜地，增加生活气息。庭院中的道路要兼具通顺、诗意、方便、实用和设计感。

图 2.140　庭院鸟瞰效果图

## 案例详解

自然风庭院的设计风格旨在表现接近自然景色与气氛且与周边设施相协调的庭院环境。设计的本质是追求"虽由人作，宛自天开"的美学境界。

自然风庭院讲究浑然天成，从地板铺装到植物和水景配置，都要自然而成，达到无匠气的自然感。

图 2.141 庭院实景

设计主导思想以简单、自然、实用，体现建筑设计风格为原则。首先使植物和建筑物相互融合、相辅相成。其次植物配置以丰富的季相变化为主，疏密有致、高低错落，形成一定的层次感，使空间"三时有花、四季有景"。

图 2.142 植物建筑组合效果图

图 2.143 植物小品组合效果图

在这个浑然天成的自然风庭院中，一切都遵循"以自然为主，去除人工雕琢痕迹"的宗旨，让一切都保持最原始自然的状态。

图 2.144　庭院草坪实景

山和水，亭子和秋千，汀步与草地，花卉与乔木，一切和谐自成，不受外物打扰，这就是自然所在。

图 2.145　秋千铺装实景

图 2.146　庭院花卉

汀步与石板铺设在草地中，花卉将其环绕，仿佛置身于草原，又仿佛进入神秘花谷，绿意盎然、五彩缤纷，四时之景尽在此处。漫步其中，尽享自然美色；沉溺于此，享受美好时光。

图 2.147　庭院道路实景

图 2.148　庭院景墙

图 2.149　庭院小品

自然庭院强调"师法自然"的生态理念，以自然风光为主体，将庭院万象有机地融为一体，重在构造的精巧，更重在山水意境的创造。

图 2.150　庭院实景

欲扬先抑的造景手法丰富了院内的景观层次，也处处体现了崇尚自然的写意气息。

图 2.151　庭院实景

127

# 五台山

落入花海之间的梦幻院落，
居家生活的小精致

庭院位置：该项目位于南京市鼓楼区，紧邻新街口商业中心，
颇有一种闹市之中得静谧的"大隐隐于市"之感
庭院面积：80 ㎡
庭院风格：自然风

## 客户需求

　　此项目是一楼带院子的户型，房子周边虽然环境清幽，但不远就是商业中心。基于这种闹中取静的现状，业主想好好设计一下，打造出一处都市内的田园雅居。植被和山水的元素必不可少，充分利用每一寸空间。

图 2.152　庭院顶视效果图

图 2.153　庭院照明效果图

## 设计理念

　　鲜花小径入凡尘，人间至美花开时，不大的院子，也可以营造出仙境般的效果。

图 2.154　庭院效果图

**特点**

① 山水田园风格

② 闹中取静

图 2.155　庭院实景

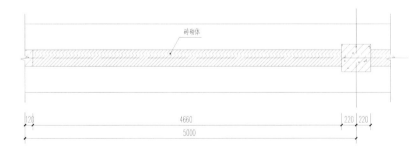

图 2.156　围墙标准段做法

## 案例详解

　　小庭院的设计更注重细节的处理，每一处角落都是精致的小惊喜。这个小院子以打造"三时有花，四季有景"的仙境花园为主旨，设计出了一个满园绿意的庭院。

图 2.157　植物配置实景

图 2.158　植物配置效果图

131

一条蜿蜒小径，步步生花，左右两
侧的花草茂密繁盛、迎风招展，在
阳光下别有一番坚韧风姿。

图 2.159　道路植物组合实景

图 2.160　植物道路组合效果图

小径的尽头是一汪池水，假山层叠、水声滔滔、锦鲤畅游，这是生生不息的勃发之力，更是自然无穷的魅力。

图 2.161　庭院水景

图 2.162　庭院入户实景

图 2.163　庭院实景

　　自然风庭院以自然为主，人存于自然之中，依附于自然，也在自然中享受，听风的声音，看水流潺潺，望风轻云淡。一座小屋，一方小院，适合居家的惬意花园。

# 第六节
# 混搭庭院案例解析

## 九月 森林

小院子，也蕴含着不一样的

花园景色

庭院位置：该项目位于南京市浦口区老山国家森林公园山脚
下，居住在此，如置身于森林环抱之中，空气清新，非常宜居
庭院面积：100 m²
庭院风格：混搭风

## 客户需求

客户对院子的重要需求就是要有一个鱼池，可以养一些锦鲤，给老人打发时间。女主人爱养花，想拥有一个花架，种满喜爱的爬藤植物。

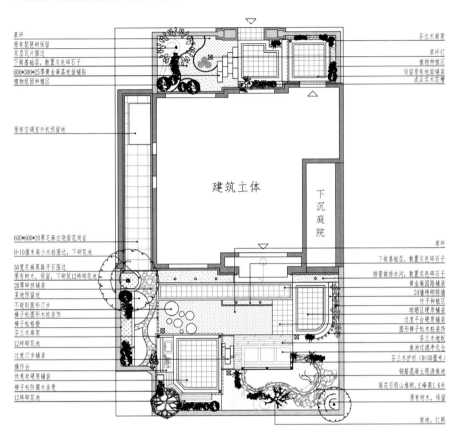

草坪
原有琵琶树保留
双层瓦片碎石边
下做基础层，散置灰色碎石子
600*300*25厚黄金麻荔枝面铺贴
植物组团种植区

原有空调室外机预留地

600*600*20厚芝麻白烧面花岗岩
H=10厘米高小木桩围边，下砌花池
50宽芝麻黑路牙石围边
原有树木，保留，下砌筑12砖砌花池
20厚碎拼铺装
菜地预留地
不规则圆形汀步
樟子松圆形木桩装饰
樟子松栈栏
芬兰木廊架
12砖砌花池
过渡汀步铺装
操作台
休息处硬质铺装
樟子松防腐木坐凳
12砖砌花池

芬兰木廊架
草坪灯
植物种植区
保留原地面铺装
成品实木花槽

建筑主体

下沉庭院

草坪
下做基础层，散置灰色碎石子
排管做排水沟，散置灰色碎石子
黄金麻园路铺装
24墙砖砌矮墙
竹子种植区
晾晒区硬质铺装
过渡平台硬质铺装
圆形樟子松木桩装饰
芬兰木地板
鱼池过滤净化仓
芬兰木护栏（H=30厘米）
钢筋混凝土现浇鱼池
莲花石假山堆砌，主峰高1.6米
原有树木，保留

植地，红枫

图 2.164　庭院平面图

## 设计理念

一个用心的私家花园，生物链都是完整的有机循环，植物、花园、土壤、空气，让你身处城市，却仿佛置身森林。

特点

❶ 亲近自然
❷ 休闲娱乐功能为主

图 2.165　庭院鸟瞰图

## 案例详解

整个庭院与园主人生活习惯相契合。花园主要分为以下区域：户外就餐区、假山水系区、绿化区，还有带凉亭的卡座休闲区。

图 2.166 庭院鸟瞰图

休闲区

经过草坪汀步，到达休闲区。搭配凉亭，阴雨天也可以使用，廊架下设置了秋千，可供儿童日常玩耍。庭院中间是一块绿地，小朋友可以在上面玩耍，日常还可以在防腐木的铺装区域进行晾晒活动。

在户外建材领域，木材防腐的常规手段有油性防腐、水性防腐和物理防腐。其中，油性防腐用于铁路枕木，而水性防腐是工业领域应用最广泛的方法。

水性防腐做法是以水作为溶剂，将有效的防腐药剂溶解在水里，通过一定的工艺条件将其注入木材细胞组织后达到防腐的功能，其本质为化学改性木材。

图 2.167 木制座椅及植物组合

木制平台是庭院中不可缺少的存在。木制平台具有防腐蚀、防潮、防真菌、防虫蚁、防霉变等特性。这些特性也使得休憩平台成为庭院中最舒适温馨的休闲娱乐场所。闲暇时光，可叫上三五好友，喝茶、烧烤、聊天，也可以享受难得的安静，看看书或陪伴孩子。即使处于放空状态，赏赏庭院小景，也是极为享受的。

木材的特性自然温润，更加具有亲和力，能够营造出亲切而舒适的环境，在庭院设计中常常会用到。

图 2.168　木制平台

木廊架可运用于各种类型的园林景观中，常设置在风景优美的地方供休憩或景致点缀，也可以和亭、台、水榭等组合，构成美观的园林建筑群。私家庭院的木廊架提供了户外就餐的功能，廊架上方放置整块玻璃，保证了良好的采光效果。

廊架也可以选择和各色植物搭配，将工艺与自然元素结合，瞬间让整体庭院多了几分闲情雅致，不用装点，自成一景。许多中式风情十足的廊架，本身就已经具备了高贵典雅的特性，完全可以不用搭配，就能分隔出一方独特的天地。身处与其中，可遮风挡雨，放上一套桌椅，就是一处舒适的休息区，捧一杯暖茶，翻开一本好书，静静品茗。

在绿地的一角，用蜡梅、石头、枫树组成了一处小景，无论身处庭院何处都可以从不同角度欣赏。

廊架内的台阶搭配了灯光，既可以营造氛围也可以保证夜晚行走的安全。

图 2.169　木制平台与绿地组合

图 2.170　植物设计

# 苏宁朝阳府

新中式与现代简约
风格相互碰撞

庭院位置：该项目位于南京市玄武区南京林业大学旁，
风景优美，交通便利，学术气息浓厚
庭院面积：120 ㎡
庭院风格：混搭风

## 客户需求

因为客户不满足营造单一风格的庭院，喜欢中式的景墙月洞窗，喜欢日式的碎石铺地，喜欢现代庭院的线条感，所以设计师将这些元素混搭到一起，呈现出一个与众不同的、丰富的庭院。

图 2.171　庭院实景

## 设计理念

将新中式庭院元素和现代简约庭院元素巧妙结合，打造一个简单欢快又不失内涵底蕴的混搭风格庭院。

特点

① 风格欢快

② 简约而有内涵

③ 元素丰富

④ 兼收并蓄

图 2.172　庭院鸟瞰图

## 案例详解

提取现代简约风格庭院中的简单纯粹，可以净化人的心灵。现代生活节奏快、压力大、人际关系复杂，一方美丽且纯粹的庭院，可以让我们的心灵从纷繁的事物中暂时解脱出来，稍做停靠，放松休憩。

图 2.173 庭院休憩空间效果图

### 植物的养护

庭院的维护和打理是一座庭院能够保持光鲜亮丽、美景常驻的根本保障，而打理庭院又是一件很费精力的事情。因此，拥有一座简单漂亮又易于维护的庭院是非常不错的选择。

图 2.174 庭院植物配置

图 2.175　庭院植物配置

图 2.176　美景常驻的混搭庭院

图 2.177 户外家政空间

打造一座庭院虽然只需要一两个月的时间，但维护好一座庭院就需要长年累月的精心打理。

## 植物与空间的结合

　　基于项目融合的风格来讨论，现代简约风格是近期比较流行的风格，由于设计简约易打理，尤其被年轻一代所推崇。但简约不等于简单，它是深思熟虑后经过创新而得出的设计和思路的延展，不是简单的"堆砌"和平淡的"摆放"，更不像有些设计师粗浅理解的"直白"。

图 2.178 庭院的中式元素

新中式风格主要采用自然与修剪植物相结合的策略，色彩以绿色为主色调。将中国古典园林与欧式园林种植设计手法的结合，既营造现代的、简洁的植物空间，又充满浓厚的中式气息。

图 2.179 植物与空间的组合

图 2.180　庭院的中式元素

　　庭院内种植木本和草本的观花、观叶或观果植物，结合形式多样的空窗，使游人在游览过程中不断获得新的画面，空间相互渗透，产生了增加景深、扩大空间的效果。

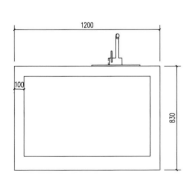

图 2.181　户外洗手池做法

图 2.182　植物与设施的组合